Für Margret
zum Geburtstag
Andernach, den
16.02.1992

»... und der Wald stand noch
braungrün,
Knospe an Knospe; Veilchen
standen in Fülle,
in jedem Halm war Saft
und Kraft.«

(Hans Christian Andersen)

Otto Didrich Ottesen

»Hinter der Welt, in der wir leben, fern im Hintergrunde liegt eine andre Welt, die zu jener ersten ungefähr in dem gleichen Verhältnis steht, in welchem die Szene, die man im Theater mitunter hinter der wirklichen Szene sieht, zu dieser letzteren steht. Man sieht durch einen dünnen Schleier gleichsam eine Welt von Schleiern, leichter, aetherischer, von anderer Art als die wirkliche. Viele Menschen, welche leiblich in der wirklichen Welt sich zeigen, gehören dieser nicht zu, sondern jener anderen.«

(Sören Kierkegaard)

Emma Thomsen

Annie von der Heide · Bernard Nollen

Blumenpoesie

Aus der Zeit Hans Christian Andersens und Sören Kierkegaards

Leben allein genügt nicht – Sonnenschein, Freiheit … und eine kleine Blume muß man haben

DuMont Buchverlag Köln

»Man hat erst gewaltig viel Widerwärtiges durchzumachen – und dann wird man berühmt!« Diese Lebenserfahrung von Hans Christian Andersen läßt sich auch auf das Schicksal seines Heimatlandes übertragen: Dänemark hatte sich zu Beginn des 19. Jahrhunderts spät noch an die Seite Napoleons gestellt und wurde deshalb von England angegriffen. Nach dem verlorenen Krieg breitete sich im dänischen Königreich große Armut aus, die 1813 gar zum Staatsbankrott führte.

Doch Notzeiten müssen nicht unbedingt auch schlechte Zeiten sein! Während sich Dänemark erst allmählich von den Folgen des Krieges erholte, erlebte es zugleich sein Goldenes Zeitalter, in dem einzigartige Leistungen in der Malerei, der Literatur und der Physik erbracht wurden.

All das geschah in einer Epoche, die man im deutschen Sprachraum als Biedermeierzeit bezeichnet.

Will man diese Periode ›der einfachen und stillen Freuden‹ zeitlich abgrenzen, dann soll für die Zwekke dieses Buches die Lebenszeit des Märchendichters Hans Christian Andersen von 1805 bis 1875 als anschauliche, wenn auch grobe Elle erlaubt sein. Dänemark erfuhr während dieser Zeitspanne die Auflösung der absoluten Monarchie, Kriege sowie die Anfänge des Industriezeitalters. Gleichzeitig verlor das Königreich zunächst Norwegen und Helgoland, alsdann Schleswig, Holstein und Lauenburg – und damit den Status einer europäischen Großmacht.

Bis etwa zur Geburt Andersens wurde die Malkunst in Dänemark hauptsächlich von Fremden ausgeübt, wenngleich es dort schon seit 1754 eine Akademie gab. Die Geschichte der dänischen Malerei beginnt erst mit Jens Juel (1745 bis 1802), von dem hier das bezaubernde Porträt der anmutigen Charlotte Bartholin Eichel um 1800 gezeigt wird.

Weit nachhaltiger jedoch wirkte Juels künstlerischer Erbe auf eine eigenständige dänische Malkunst ein: Christoffer Vilhelm Eckersberg (1783–1843), der es so unvergleichlich meisterhaft verstand, die weite und freie Landschaft des Nordens ›wie die helle Unschuld eines jungen Tages‹ mit kristallklarer Wahrheitsliebe wiederzugeben. Er drang dabei mit feinen, peniblen Pinselstrichen tief in die Wirklichkeit ein und fing so das Unscheinbare, die begrenzte Nähe in luftig-zarten Farben ein. Als Direktor der Kopenhagener Akademie seit dem Jahre 1818 gab er sein Können an zahlreiche junge Künstler weiter.

Unter Eckersbergs Schülern waren einige talentierte Maler, die sich gänzlich dem Reich der Blumen verschrieben. Von ihrem Lehrer übernahmen sie dabei das Streben nach unbedingter Naturwahrheit, die Fertigkeit, die Natur gleichsam mit den Augen zu erfühlen und dabei jedem Detail Gewicht zu verleihen.

Als Blumenmaler trat insbesondere Johan Laurentz Jensen (1800 bis 1856) hervor, Schüler des Claudius Ditlev Fritzsch (1763–1841), dessen Bilder wahrhaft minutiös ein Stück Natur widerspiegeln. Daneben zeigte auch Otto Didrich Ottesen (1816–1892) seine romantisierenden Darstellungen der Flora. Auch Carl Balsgaard (1812 bis 1893) und Theude Grønland (1817 bis 1876), geboren im damals dänischen Altona bei Hamburg, bevorzugten dieses Genre.

Blumenbilder waren in der Zeit Hans Christian Andersens, der selbst ein großer Blumenfreund war, überaus beliebt. Auf Schloß Charlottenborg in Kopenhagen, wo seit 1807 alljährlich in Ausstellungen die besten Arbeiten der Akademie der Schönen Künste gezeigt und prämiert wurden, konnte man Blumenstilleben bewundern. Auch die Blütenträume weiblicher Blumenfreunde waren dort vertreten. Sie hatten ihr Können in Privatstunden erworben, die Akademie sollte sich für sie erst 1888 öffnen; (was die Damen aber keineswegs davon abhielt, jeden Frühling ihren üppigen Blumenflor in Charlottenborg auszubreiten).

Eine farbenprächtige Auswahl dänischer Blumenbilder aus der Zeit Hans Christian Andersens ist hier abgebildet. Die Gemälde befinden sich heute in Privatbesitz. Die akademische Nachwelt schätzte diese Stilart nicht sonderlich: nur wenige Blumenstücke können in den dänischen Museen betrachtet werden.

Die dänischen Blumenbilder sind auf eine nicht wissenschaftlich erklärbare Weise etwas Besonderes: ihnen haftet ein ganz eigener, ja geradezu feiertäglicher Glanz an, eine Stimmung von familiärer Nähe und Geborgenheit. Sie entspringt fraglos der ›danske hygge‹, was mit ›dänischer Gemütlichkeit‹ nur ungenügend übersetzt wäre. Richtiger ist es, von ›gemütvoller Innerlichkeit‹ zu sprechen, die Dänemark und seine Bewohner so liebenswert macht.

Die Blumenmaler verstanden es, der bedrückenden Realität duftige Blütenträume vom ewigen Frühling entgegenzuhalten, was auch deren große Anziehungskraft in unseren Tagen erklären könnte, denn »Leben allein genügt nicht ... eine kleine Blume muß man haben!«

Bei solchen Schöpfungen, die eher aus dem Unbewußten entstanden, verwundert es nicht, daß sich die blumigen Wachträume einer nüchternen, katalogisierenden Deutung durch die Kunstkritik entziehen. Die heiteren Blumen auf dänischer Leinwand entsprießen aus einer Stimmungswelt, die seit jeher von Mythen und Märchen erfüllt war. In dieser Welt der Trolle und Blumenelfen fühlte sich Hans Christian Andersen ganz und gar zu Hause. Blumennarr der er war, hielt er mit den Blumenmalern Freundschaft und teilte mit ihnen die Gabe, in ein pflanzliches Objekt gleichsam einzudringen und sich flugs in ein jedes poetisch zu verwandeln.

Zu den Blumen gesellen sich hier Andersens empfindsame Gedanken, die in seinen Märchen und Erzählungen fortleben. Eine erträumte Welt also, die so wirklich wie die wahre Welt werden kann, wenn man nur fest daran glaubt.

Doch damit wir uns nicht im Zauberwald der Gefühle verirren, hält eine andere Persönlichkeit aus Dänemarks Goldenem Zeitalter streng dagegen: Sören Kierkegaard (1813–1855). Beiden großen Dänen wird hier zu einer Premiere verholfen, denn, soweit wir wissen, traten sie nie gemeinsam auf. Der Unterschied zwischen dem Predigtamts-Kandidaten und dem acht Jahre älteren Märchendichter war wohl zu groß, um auf gegenseitiges Verständnis stoßen zu können. Dabei werden die beiden recht viel Mühe gehabt haben, sich in dem Kopenhagen jener Tage mit nur etwa 120 000 Einwohnern aus dem Wege zu gehen.

Kierkegaards Vater war ein wohlhabender Wolltuchhändler. Sein Sohn konnte es sich daher erlauben, für die Schriftstellerei und nicht von ihr zu leben. Andersen hingegen, Sohn eines armen Flickschusters in der Provinz, verdiente zunächst als Sänger, Tänzer und Schauspieler seinen Lebensunterhalt, bis er als Dichter von Kunstmärchen seine einträgliche Berufung fand. Kierkegaard reiste kaum und gelangte nur bis Berlin, damals ein Treffpunkt von Philosophen. Der rastlose Andersen war fortwährend unterwegs, fühlte sich jedoch in Berlin nicht sehr wohl. Kierkegaard war ein schwermütiger, nach innen gekehrter Mensch, ein »Selbstquäler«, wie er sich bezeichnete. Andersen mag vielleicht zeitweilig auch schwermütig gewesen sein, doch er trug eher naive Züge und nannte sich ein »Glückskind«.

Gemeinsam war beiden nur, daß sie, trotz zaghafter Versuche, unverheiratet blieben. Kierkegaard brachte es dabei bis zu einer Verlobung, die er aber aus selbstzweiflerischen Gründen (»Jede Blume meines Herzens wird zur Eisblume!«) wieder löste. Andersen unternahm schwärmerische Anläufe, doch immer wieder vergebens: »Glücklich, wer verheiratet, der verlobt ist. Oh, wäre ich nur in starken Banden!«

Für Kierkegaard wurde seine Verlobung »ein unerschöpflicher Stoff für Überlegungen, ein ewiger Überfluß für Beobachtungen«. Andersen, sonst überaus beredt, schweigt sich in seinen Märchen über zwischenmenschliche Liebe aus, unterlegt aber den sprechenden, nickenden, tanzenden Märchenblumen zärtliche Worte; ob er seine Liebesgefühle nur durch die Blume ausdrücken wollte? Für uns!

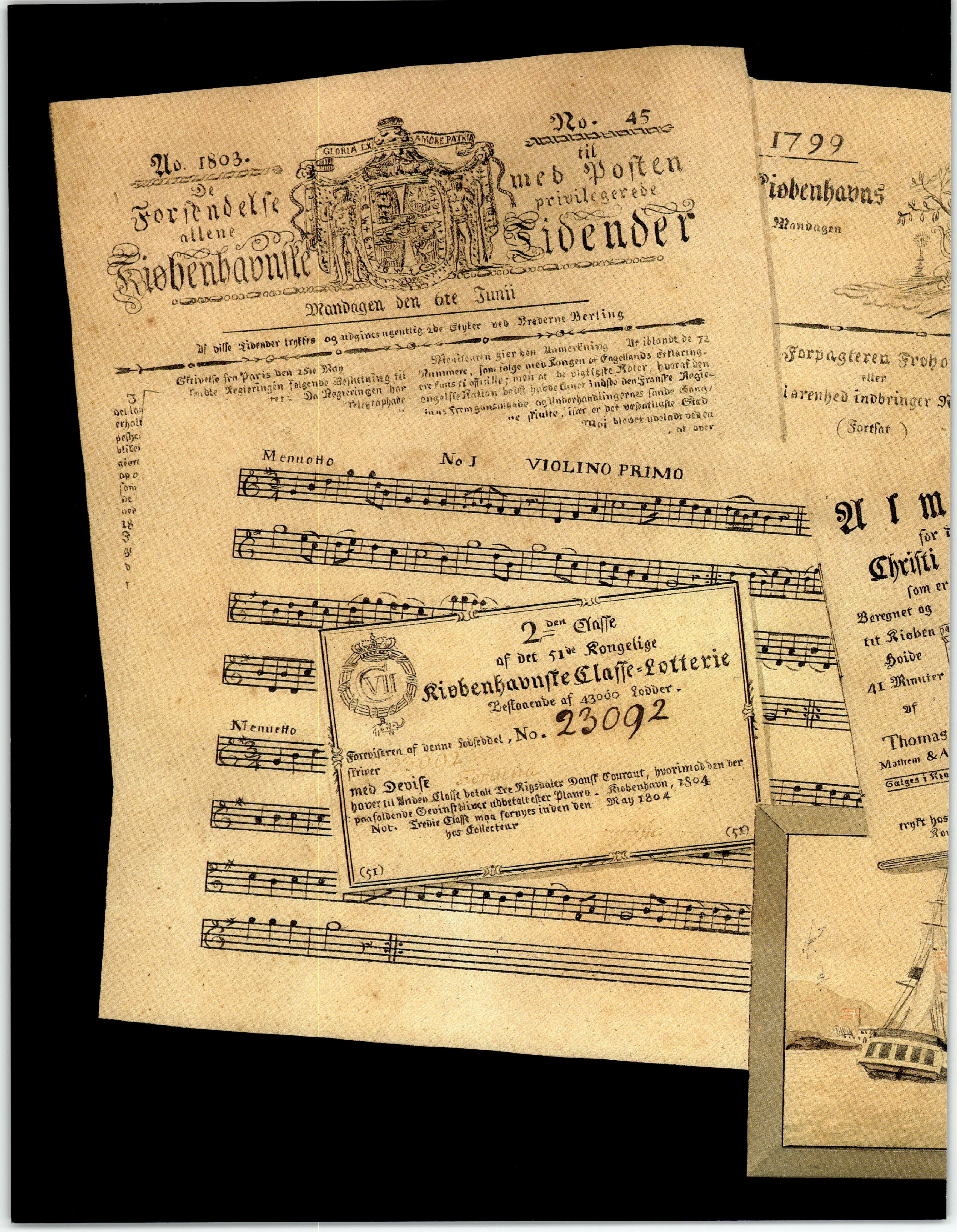
No. 45
No. 1803.
GLORIA EX AMORE PATRIÆ
De med Posten til
Forsendelse privilegerede
allene
Kiøbenhavnske Tidender
Mandagen den 6te Junii
Af disse Tidender trykkes og udgives ugentlig 2de Styker ved Brøderne Berling
1799
Kiøbenhavns
Mandagen
Forpagteren Frohof
eller
(Fortsat)
Menuetto
No I
VIOLINO PRIMO
Menuetto
2den Classe
af det 51de Kongelige
Kiøbenhavnske Classe-Lotterie
Bestaaende af 43000 Lodder.
Foreviseren af denne Lodseddel, No. 23092
med Devise
Kiøbenhavn, 1804
May 1804
hos Collecteur
Almanak
for
Christi
som er
Beregnet og
Hoide
41 Minuter
Thomas

№. 29
28de Aargang
Aftenpost
den 8 April
Altonaischer
Anno 1804
No. 13
MERCURIUS
Freytag, den 22 Januar
No 37734
Een Rigsdaler Courant
Naar forlanges, betaler Banquen i Kiøbenhav
Kiøbenhavn
Fastelavn er 7 Uger

»Einige meiner Landsleute meinen, Kopenhagen sei eine langweilige Stadt und eine kleine Stadt. Mir erscheint Kopenhagen vielmehr, so wie es von dem Meere, an dem es liegt, erfrischt wird und

Georg Alexandersen

selbst im Winter die Erinnerung an den Buchenwald nicht zu vergessen vermag, der glücklichste Aufenthaltsort zu sein, den ich mir wünschen könnte. Es ist groß genug, um eine größere Stadt zu sein und klein genug, daß es keinen Marktpreis für Menschen gibt.«

(Sören Kierkegaard)

Carl Johan Neumann

»Ich mußte von Dänemark und vom Meer erzählen. – Wie aber beschreibt man einem das Meer, der es niemals gesehen hat? Ich wußte keinen besseren Vergleich als den großen blauen Himmel – könnte man ihn über das flache Feld bis zur Grenze des Horizonts ausspannen, dann wäre es ein Meer. Das Bild schienen sie zu begreifen.«

(Hans Christian Andersen)

»Es ist ein ganz eigenes, angenehmes Gefühl, in der Fremde Gutes über sein Vaterland zu hören, da spürt man erst recht, daß man doch Bein von seinem Bein und Fleisch von seinem Fleisch ist, und jedes Lob und jeder Tadel, der dem Land gilt, scheint auch uns zuzufallen, obwohl wir doch nur ein kleiner Teil davon sind. Aber es ist wohl wie immer: man setzt das Vaterland in die eine Waagschale und sich selbst in die zweite.«

(Hans Christian Andersen)

C. M. Lind

»Solchermaßen verstehe ich mich selbst: Mit dem Geringeren zufrieden – darauf hoffend, daß das Größere mir vielleicht einmal vergönnt sein werde, mit den Mühen des Geistes beschäftigt, an denen meiner Meinung nach jeder Mensch überreichlich genug hat auch in dem längsten Leben, selbst wenn dieses aus lauter längsten Tagen gebildet wäre, – bin ich des Daseins froh, der kleinen Welt froh, die meine Umgebung ist.«

(Sören Kierkegaard)

»Je mehr man sich selbst begrenzt, um so erfinderischer wird man!«

(Sören Kierkegaard)

»Ach, die Tür zum Glück
geht nicht nach innen auf, so
daß man, indem man auf sie
zustürmt, sie aufdrücken
kann; sondern sie geht nach
außen auf, und man vermag
daher nichts zu tun.«

(Sören Kierkegaard)

1836.
Theodora Löwe.

»Die Sonne scheint so schön und lieblich in mein Zimmer, im nächsten Zimmer steht das Fenster offen; auf der Straße ist alles stille, es ist Sonntag nachmittag; ich höre deutlich eine Lerche, die außen vor einem Fenster in einem der Nachbarhöfe trillert, außen vor jenem Fenster, wo das schöne Mädchen wohnt; weit fort aus einer fernen Straße höre ich einen Mann Krabben ausrufen; die Luft ist so lau; gleichwohl ist die ganze Stadt wie ausgestorben. – Da denke ich an meine Jugend und an meine erste Liebe – als ich noch Sehnsucht hatte, jetzt sehne ich mich nur nach meiner ersten Sehnsucht. Was ist Jugend? Ein Traum. Was ist die Liebe? Der Inhalt des Traums.«

(Sören Kierkegaard)

Frederik Hansen Sødring

Sødring 1828.

»Es gibt unterschiedliche Arten weiblichen Errötens. Da ist das derbe Ziegelrot. Es ist dasjenige, von dem die Romanschreiber jederzeit genug besitzen, um ihre Heldinnen ›über und über‹ erröten zu lassen. Da ist die zarte Röte; es ist des Geistes Morgenröte. Bei einem jungen Mädchen ist sie köstlich. Die flüchtige Röte, die eine glückliche Idee begleitet, ist schön beim Manne, schöner beim Jüngling, liebreizend beim Weibe. Es ist des Blitzes Aufleuchten, des Geistes elektrischer Schlag. Sie ist am schönsten beim Jüngling, liebreizend beim Mädchen, weil sie sich in ihrer Jungfräulichkeit kündet, und darum hat sie auch die Schamhaftigkeit der Überraschung. Je älter man wird, um so mehr vergeht diese Röte.« (Sören Kierkegaard)

»Es ist doch die schönste Zeit, der Verliebtheit erste Periode, wenn man bei jeder Zusammenkunft, jedem Blick des Auges etwas Neues heimbringt, um daran sich zu freuen.«

(Sören Kierkegaard)

Hanne Hellesen

»Wie schön ist es, verliebt zu sein,
wie interessant ist es zu wissen, daß man es ist.
Seht, das ist der Unterschied.«

(Sören Kierkegaard)

Hansine Kerrn-Eckersberg

»Was liebt Liebe? – Unendlichkeit!
Was fürchtet Liebe? – Grenze!«

(Sören Kierkegaard)

Jens Juel

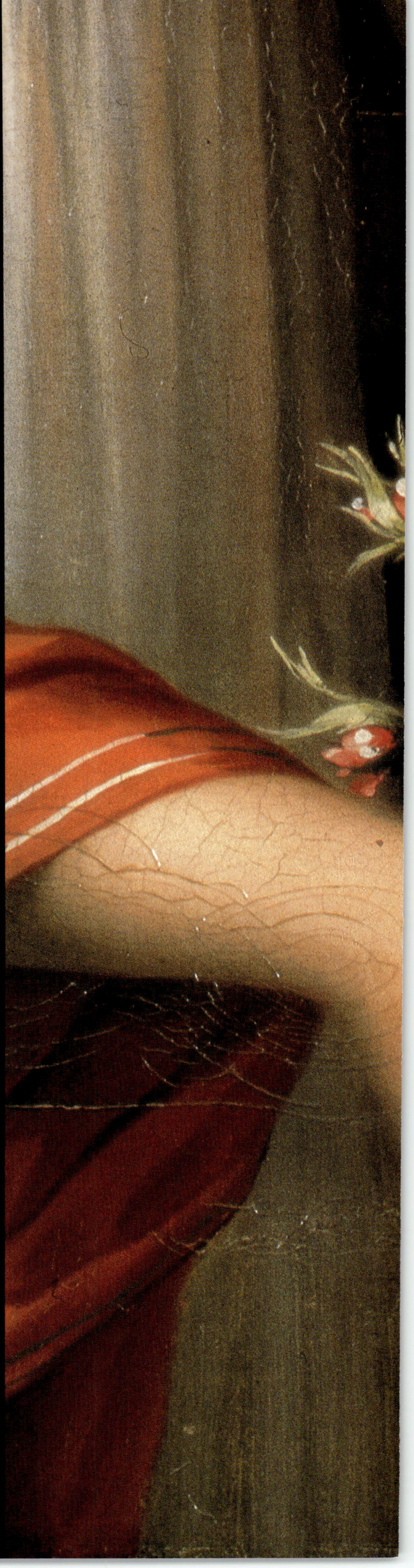

»Merkwürdig ist es, wie natürlich man träumen
und doch wissen kann, daß es nur ein Traum ist.
Möchte ich mich doch morgen seiner
entsinnen können, wenn ich erwache.«

(Hans Christian Andersen)

»Träume sind Blumen, da gibt es böse und gute!
Blumen müssen vergehen, aber neue wachsen
aus den alten Zweigen!«

(Hans Christian Andersen)

Christine Løvmand

»Wenn sich unsere Seele mit all ihren Gefühlen und Ideen lebendig auf dem Papier abdrücken könnte, dann würde man das wundersamste Märchen bekommen, das jemals gelesen wurde. Freude und Schmerz, Vernunft und Verirrung bilden die großen Kapitel, und das Ganze durchzieht wie im Märchen ein unergründlicher Faden.«

(Hans Christian Andersen)

In der Zeitung ›Helsingør Avertissement Tidende‹ vom 30. April 1858 mokiert sich ein Kritiker darüber, daß die Ausstellung auf Schloß Charlottenborg mit entzückten Ausrufen der weiblichen Besucher kommentiert wird: »Man geht keine zwei Schritte, ohne hören zu müssen ... sieh nur die herrliche Rose dort! Schau, die wunderhübsche Lilie da!«
Kunstkritiker jener Tage waren der Auffassung, ein Künstler solle danach streben, ein Ideal wiederzugeben – Blumen hätten jedoch kein Ideal, sie seien von Natur aus vollkommen; der Wunsch, sie abbilden zu wollen, könne nichts als Kopien hervorbringen. Doch wie so häufig, widersprach die öffentliche Meinung der akademischen Auffassung.

Das nach den Wirren des verlorenen Krieges nach größerer Unabhängigkeit strebende Bürgertum wünschte, seine natürlichen Lebenswerte dargestellt zu sehen. Und da die Bürger die Natur kannten und liebten, wollten sie sie auch in Bildern wiederfinden.
Der Regent des Landes teilte die Vorlieben seiner Untertanen. Die Bildankäufe für die Königliche Malereisammlung, die später auf das ›Statens Museum for Kunst‹ in Kopenhagen überging, bestanden in der Zeit zwischen 1826 und 1865 nicht nur aus historischen Gemälden, sondern vor allem aus einer Reihe stimmungsvoller Blumenstilleben.
Noch bemerkenswerter ist, daß die Mehrzahl dieser Blumenbilder aus der Hand von Künstlerinnen stammte. Christine Løvmand (1803–1872) verkaufte an die Malereisammlung ihres Königs acht ihrer Blumenstücke, Hermania Neergaard (1799–1875) deren elf und Hanne Hellesen (1801–1844) sogar zwölf. Der in der öffentlichen Gunst so hoch gestellte Johan Laurentz Jensen verkaufte dagegen nur sechs seiner Stilleben an den König, und selbst der Direktor der Akademie, Professor Christoffer Vilhelm Eckersberg, brachte es nur auf acht Exemplare in der königlichen Galerie. Das weibliche Element überwog eindeutig.
Zusammen mit Emma Thomsen (1820–1897) zeigten die genannten Damen weit mehr Bilder auf

Charlottenborg, als Jensen und Ottesen, die führenden Blumenmaler ihrer Zeit. Dabei hatten die Malerinnen eine denkbar schlechte Ausgangsposition: Die Akademie schloß sie nicht nur bis 1888 aus, sondern ließ sie auch nicht an den großzügigen Reisestipendien nach Italien teilhaben.
So mußten sie bei den etablierten Blumenmalern, den Professoren Jensen, Ottesen und Camradt, Privatunterricht nehmen, eine kostspielige Ausbildung, die wohl nur höheren Töchtern möglich war.
Wir wissen von nur einer Ausnahme, die sich am Lebensweg der Künstlerin Christine Løvmand aufzeigen läßt. Nach ihrem Unterricht bei Camradt und Eckersberg und Aufenthalten in Deutschland und Frankreich, die ein Stipendium aus der Schatulle von König Christian VIII. ermöglicht hatte, gründete sie ihre eigene Mal- und Zeichenschule. Da ihr Vater früh verstorben war und sie eine geisteskranke Mutter hatte, mußte Christine für sich und ihre Geschwister den Lebensunterhalt verdienen. Eine ihrer bekanntesten Schülerinnen war die Schauspielerin Johanne Louise Heilberg, die von Andersen und Kierkegaard hoch verehrt wurde.
In ihrem Tagebuch notiert sie über ihren Unterricht bei Christine Løvmand: »Ich machte im vorigen Winter die Bekanntschaft mit der vorzüglichen und liebenswerten Christine Løvmand und habe damit begonnen, die Feldblumen in der Natur zu malen. Nun freue ich mich, Stunde auf Stunde in der freien Natur zu stehen und ihren Anweisungen zu folgen.« Der künstlerische Ausdruck dieser Begeisterung läßt sich hier an dem Bild einer unbekannten Malerin betrachten.
Christine Løvmand gab ihre künstlerische Fertigkeit, aus freiwachsenden Blumen eine stimmungsvolle, natürliche Einheit zu schaffen, an zahlreiche Malerinnen weiter, so auch an Anthonore Christensen (1849–1926), die, von ihr und Emma Thomsen geschult, im neuen Jahrhundert ihren eigenen Stil entwickelte.
Mit dem Tod Christine Løvmands endete auch der sanfte, zartbesaitete Stil der romantischen Blumenmalerei zur Zeit Hans Christian Andersens.

Johan Laurentz Jensen

»›Welch schöne Rosen!‹ sagte der Sonnenschein, ›und jede Knospe
wird springen und genauso schön werden. Es sind meine Kinder!
Ich habe sie zum Leben geküßt!‹
›Es sind meine Kinder!‹ sagte der Tau.
›Ich habe sie mit meinen Tränen getränkt.‹
›Ich sollte doch meinen, daß ich ihre Mutter bin!‹
sagte die Rosenhecke. ›Ihr seid nur Paten,
die nach ihrem Vermögen und nach ihrem guten Willen
ein Patengeschenk gaben.‹«

(Hans Christian Andersen)

Ida Bolette Kirstine Peterson

»Sie trinken Luft und Licht,
schmecken Sonnenschein am
Tage und Tau in der Nacht,
blühen, bekommen Besuch
von Bienen, die nach der
Mitgift, dem Honig in der
Blüte, suchen.«

(Hans Christian Andersen)

»Luft und Licht sind die
Liebhaber der Blumen, aber
das Licht ist der Begünstigte.
Zum Licht wenden sie sich,
verschwindet es, so rollen sie
ihre Blätter zusammen und
schlafen in der Umarmung
der Luft ein.«

(Hans Christian Andersen)

Hansine Kerrn-Eckersberg

Johan Laurentz Jensen

**»Kunst ist das Gegenteil von Natur,
aber Kunst ist deshalb nicht Unnatur,
sondern eher das ideale Bild der Natur.«**

(Hans Christian Andersen)

»In den Garten kamen zwei junge Männer, der eine war ein Maler, der andere ein Dichter; jeder von ihnen pflückte eine Rose, schön anzusehen. Und der Maler malte auf die Leinwand ein Bild der blühenden Rose, daß sie glaubte sich zu spiegeln. ›So‹, sagte der Maler, ›soll sie viele Menschenalter hindurch leben, in denen Millionen und aber Millionen von Rosen welken und sterben!‹
Der Dichter betrachtete seine Rose, schrieb ein Gedicht über sie, ein ganzes Mysterium, alles, was er auf dem Blatte der Rose las: ›Das Bilderbuch der Liebe‹. Es war eine unsterbliche Dichtung.«

(Hans Christian Andersen)

Ida Bolette Kirstine Peterson

Hans Christian Andersen verglich seinen Lebenslauf poetisch mit dem Streben einer Sumpfpflanze nach Licht. Diese romantische Sehnsucht sollte sich für ihn in Italien erfüllen.
Der Dichter erlebte dort 1833 und 1834 seinen ersten und gewiß auch bedeutungsvollsten Aufenthalt. Bildungsbeflissen besichtigte er hier zahlreiche Kirchen und Museen.
In seiner Begleitung befanden sich häufig dänische Künstler, die, wie auch Andersen, ›in einem Kunstwerk die Natur bewunderten‹.

Die Maler aus Dänemark waren mit ihrer Staffelei über die Alpen gekommen, um an den antiken Stätten ihrem künstlerischen Vorbild Christoffer Vilhelm Eckersberg nachzueifern. Eckersberg, wohl der erste dänische Freiluftmaler, war nach Rom gegangen, von wo er strahlende Architekturbilder nach Hause brachte. Nachdem er 1818 zum Direktor der Akademie in Kopenhagen ernannt worden war, sorgte er dafür, daß auch seine Schüler die Wirkung von Luft und Licht an den Kunstschönheiten Italiens erfahren konnten. Von dort brachten die dänischen Maler ihre Bilder des bunten Volkslebens und der klassischen Architektur zurück. Die staatliche Kupferstichsammlung in Kopenhagen verwahrt in den Archiven viele ihrer Zeichnungen.
Der Mehrheit der etwa 120 Künstler blieb es jedoch versagt, einem weiteren Publikum bekannt zu werden. Zu sehr hielten sie daran fest, nach einstudiertem Muster zu malen. Sie ließen davon auch nicht ab, als sie sich nach ihrer Heimkehr in der bürgerlichen Enge Dänemarks wiederfanden.
Von seinen Landsleuten lernte Andersen in Rom, seine Eindrükke mit dem Zeichenstift festzuhalten. Er war davon so angetan, daß er erwog, Kunstmaler zu werden.
In Rom veranstalteten die Künstler aus dem hohen Norden feuchtfröhliche Feiern. Hin und wieder gesellte sich der dänische Bildhauer Bertel Thorvaldsen (1770–1844) zu ihnen, der schon lange in Rom lebte und es dort zu der außerordentlichen Ehre brachte, einstimmig zum Präsidenten der Akademie gewählt zu werden.
Andersen bereiste noch häufiger das von ihm geliebte Land. Und da nichts von dem verloren geht, was einmal im Innersten empfunden wurde, findet sich manches aus der bunten Vielfalt seiner lichterfüllten Eindrücke in den Märchendichtungen wieder.

Otto Didrich Ottesen

»Sollte ich mir etwas wünschen, ich würde mir nicht Reichtum wünschen oder Macht, sondern die Leidenschaft der Möglichkeit, das Auge, welches ewig jung und ewig glühend überall die Möglichkeit erblickt. Der Genuß täuscht, die Möglichkeit nicht.«

(Sören Kierkegaard)

OD Ottesen

Otto Didrich Ottesen wurde 1816 in Broager geboren. Sein Heimatdorf liegt im damaligen Schleswig zwischen Flensburg und Sonderborg, in einer Landschaft, die – wie der Ausschnitt aus seinem Selbstporträt zeigt – so gar nicht mit seinem südländischen Einschlag übereinstimmt.

Der Blumenmaler Ottesen widmete sein Schaffen ganz den Wundern der Natur, die ihn in seiner Jugend als ärmlichen Viehhirten umgeben hatte. Aus dieser kleinen Welt heraus brachte er es zu wahrer Meisterschaft, schlichte Waldszenen und Blumen von einem geradezu magischen Realismus auf die Leinwand zu bannen.

Er malte dieses Waldbild und die vor dem Buchtitel abgebildeten wilden Veilchen, die er 1863 an ein Fräulein Bjaelke für 80 Taler verkaufte. Nicht nur ihr muß es gefallen haben, es wurde noch im gleichen Jahr auf Schloß Charlottenborg ausgestellt. Ottesen verstand es, vor allem Rosen, die er auch züchtete, in ihrer zarten Farbigkeit naturgetreu darzustellen.

Der nach Johan Laurentz Jensen bedeutendste Blumenmaler Dänemarks jener Zeit wurde 1866 mit der Professur an der Akademie ausgezeichnet. Als er 1892 starb, hatte die Photographie schon längst damit begonnen, ihrerseits die Natur ›abzulichten‹.

Otto Didrich Ottesen

»›Einige sagen, es sei ein Meisterwerk!‹ sagte der Gesangsmeister, ›andere meinen, es sei ein Machwerk!‹ ›Und wo liegt die Wahrheit?‹ ›Die Wahrheit!‹ sagte der Meister, ›ja, sag du sie mir! Sieh den Stern da droben! Sag mir, wo genau sein Platz ist. Mach das eine Auge zu! Siehst du ihn? Jetzt betrachte ihn mit dem andern Auge allein! Der Stern hat seine Stelle verändert, hat einen andern Platz bekommen. Jedes Auge beim Menschen sieht anders; – wie anders muß erst die große Menge sehen!‹«

(Hans Christian Andersen)

Christine Løvmand

»Der eigentliche Genuß liegt nicht in dem,
was man genießt,
sondern in der Vorstellung.«

(Sören Kierkegaard)

Theude Grønland

»In jüngeren Jahren wurde ich wegen meiner natürlichen Empfindsamkeit, die doch keine Empfindelei war, so verspottet, daß ich mit meinem eigenen Herzen und den besten Gefühlen selbst Schlagball spielte, um unter den anderen vernünftigen Menschen nicht als ein empfindsamer Narr zu gelten. Derselbe eisige Schrecken überfällt mich noch häufig, wenn mein Herz zu sich selbst kommt, und ich ziehe dann oft ein komisches Gesicht, damit keiner sieht, daß ich weine.«

(Hans Christian Andersen)

Johan Laurentz Jensen

William Hammer

»... laß uns niemals vergessen, daß nicht jeder,
der seinen Verstand nicht verloren hat,
dadurch unbestreitbar beweist, daß er ihn hat.«

(Sören Kierkegaard)

»Man soll jedes Ding beim rechten Namen nennen,
und darf man es im allgemeinen nicht,
so muß man es doch im Märchen können.«

(Hans Christian Andersen)

Niels Peter Holbech

»Ich hatte auf dem Wege nach Aarhus einen sehr spaßhaften Anblick: Zwei Kühe, die zusammengebunden waren, kamen in kurzem Galopp an uns vorbei, die eine war wild und machte geniale Schwünge mit dem Schwanz, die andere war, wie es schien, prosaischer und völlig verzweifelt darüber, die gleichen Bewegungen mitmachen zu müssen. – Sind nicht die meisten Ehen genauso eingerichtet?«

(Sören Kierkegaard)

Niels Peter Holbech

»Der Frühling ist doch die schönste Zeit, sich zu verlieben,
der Nachsommer die schönste Zeit,
am Ziel seiner Wünsche zu sein.
Es liegt eine Wehmut über dem Nachsommer,
die ganz der Regung entspricht,
die einen im Gedanken
an die Erfüllung eines Wunsches durchströmt.«

(Sören Kierkegaard)

»›Den Topfblumen kann man nicht so recht glauben‹,
meinte der Schmetterling,
›sie kommen zuviel mit Menschen zusammen.‹«

(Hans Christian Andersen)

»Mit Hilfe der Daguerreotypie wird sich leicht erreichen lassen, daß jeder porträtiert wird – früher nur die Ausgezeichneten; und zur gleichen Zeit arbeitet man mit aller Macht darauf hin, daß wir alle das gleiche Aussehen haben – so daß nur ein einziges Porträt nötig wäre.«

(Sören Kierkegaard)

Hansine Kerrn-Eckersberg

»Die Natur offenbart sich hier in ihrer ganzen Größe. Augen und Gedanken schwelgen. Der Dichter kann es besingen, der Maler in reichen Bildern darstellen, aber den Duft der Wirklichkeit, der dem Betrachter auf ewig in die Sinne dringt und darin bleibt, können sie nicht wiedergeben.«

(Hans Christian Andersen)

William Hammer

»Jeder, der auch nur ein kleines bißchen Kenntnis vom Leben der Vogelwelt hat, weiß, daß zwischen der Wildgans und den zahmen Gänsen, wie verschieden sie auch sind, dennoch eine Art Verstehen herrscht. Wenn der Zug der Wildgänse in der Luft zu hören ist, und da zahme Gänse unten auf der Erde sind – so merken diese letzten das sofort, sie verstehen bis zu einem gewissen Grade, was es bedeutet; deshalb hüpfen sie auch, schlagen mit den Flügeln, schreien und fliegen in verworrener unschöner Unordnung ein Stück über den Erdboden hin – und dann ist es vorbei.
Es war einmal eine Wildgans. Zur Herbsteszeit gegen den Wegzug hin wurde sie auf einige zahme Gänse aufmerksam. Sie faßte Zuneigung zu ihnen, es deuchte sie jammerschade, von ihnen wegzufliegen, sie hoffte, sie für ihr Leben zu gewinnen, so daß sie sich entschlössen, mit zu folgen, wenn der Zug fortflöge.
Zu diesem Zweck ließ sie sich auf jede Weise mit ihnen ein, versuchte sie zu locken, daß sie ein wenig höher stiegen und dann noch ein wenig höher im Flug, damit sie dann womöglich im Zuge mitfolgen könnten, erlöst von diesem elenden, mittelmäßigen Leben, auf Erden zu watscheln als ehrbare zahme Gänse.
Zu Anfang schien es den zahmen Gänsen, dies sei ganz unterhaltsam, sie hatten die Wildgans gern. Aber bald wurden sie ihrer überdrüssig, so gaben sie denn grobe Worte von sich, setzten sie zurecht als eine phantastische Närrin ohne Erfahrung und ohne Weisheit. Ach, und die Wildgans hatte sich leider zu sehr mit den zahmen Gänsen eingelassen, sie hatten allmählich Macht über sie bekommen, so daß ihre Worte etwas für sie bedeuteten – und das Ende vom Liede war, daß die Wildgans eine zahme Gans wurde.«

(Sören Kierkegaard)

Otto Didrich Ottesen

Ida Bolette Kirstine Peterson ▷

»In einem kleinen freundlichen Haus mit rotgestrichenem Balkenwerk und Weinranken an der Mauer saß ein kleiner braungebrannter Junge mit silberweißen Haaren und übte sich auf einer alten Violine. Vielleicht wird dieser Kleine einmal ein großer Virtuose, versetzt durch sein Spiel die Welt in Erstaunen, wird bewundert und geehrt, – während ein heimlicher Wurm alle grünen Blätter vom Baum seines Lebens abnagt.«

(Hans Christian Andersen)

»Es müßte doch interessant sein, wenn man die Kräfte,
deren Hervortreten den Inhalt des Lebens ausmacht,
ein wenig im voraus sehen könnte.«

(Sören Kierkegaard)

»Weshalb ruht die Seele sich so stärkend aus beim Lesen von Märchen? Wenn ich des allen müde bin und ›lebenssatt‹, ist das Märchen stets das Bad der Erneuerung, das sich so wohltuend für mich erweist. Dort haben alle irdischen, alle endlichen Leiden aufgehört; die Freude, ja das Leid selbst ist unendlich (und eben deshalb wirkt es so ausweitend wohltuend). Man zieht aus, um den blauen Vogel zu finden, als Prinzessin, die, zur Königin erwählt, einen andern das Reich besorgen läßt, um selbst ihren unglücklichen Liebsten zu suchen. Und welch unendlich tiefes Leid liegt nicht darin, daß sie, die als Bauernmädchen verkleidet umherwandelt, zu der alten Frau, der sie begegnet, sagt: ›Ich bin nicht allein, meine gute Mutter; ich habe ein großes Gefolge bei mir von Kummer, Sorgen und Leiden.‹ Dann vergißt man völlig das einzelne, persönliche Leid, das jeder Mensch für sich haben kann, um in dem allen gemeinsamen tiefen Leid zu versinken, wodurch man dann leicht versucht wird zu wünschen, daß man eine alte Frau trifft, zu der man sagen könnte ›meine gute Mutter‹ – oder ein junges Mädchen, das die Welt nach seinem Liebsten durchwandert, um gemeinsam die Pilgerfahrt anzutreten.«

(Sören Kierkegaard)

»Es ist eine törichte Vorstellung, sich einen Dichter anders zu denken als andere Menschen, es können unter diesen weit poetischere Naturen sein, als es mancher große, anerkannte Dichter ist; der Unterschied ist nur, daß der Dichter ein besseres geistiges Gedächtnis hat, er kann die Idee und das Gefühl festhalten, bis sie klar und deutlich im Wort hervorgetreten sind, das können die anderen nicht. Aber von einer Alltagsnatur zu einer begabten hinüberzugehen, ist immer ein Übergang.«

(Hans Christian Andersen)

Otto Didrich Ottesen

»Der König lag krank und konnte nicht genesen, wenn er nicht ein Hemd anzöge, das auf dem Körper eines Menschen getragen und zerschlissen worden wäre, der in Wahrheit sagen konnte, daß er niemals Not und Sorgen gekannt habe. Boten wurden in alle Länder der Welt gesandt, zu allen Schlössern und Herrenhöfen, zu allen wohlhabenden und frohen Menschen, aber wenn man richtig nachforschte, hatte doch jeder von ihnen Not und Sorgen erfahren.

›Das habe ich nicht!‹ sagte der Schweinehirt, der am Graben saß, lachte und sang. ›Ich bin der glücklichste Mensch!‹

›Dann gib uns dein Hemd!‹ sagten die Abgesandten. ›Das sollst du mit einem halben Königreich bezahlt bekommen.‹

Aber er hatte kein Hemd und nannte sich doch den glücklichsten Menschen.«

(aufgezeichnet von Hans Christian Andersen)

»Jeder ist gut in seiner Art!
Es kann nicht jeder von Adel sein!
Einige müssen auch Nutzen bringen,
wie man sagt!«

(Hans Christian Andersen)

Otto Didrich Ottesen

»Woher kommt es doch, daß man sich in unserer Zeit nur einen Vermögenden als den unabhängigen Mann denkt? Etwa daher, daß man völlig vergessen hat oder daß es zu einer Fabel geworden ist: es sei eine sicherere Unabhängigkeit, von Wurzeln, von Wasser und Brot leben zu können.«

Georg Alexandersen

»In allem, was in mir lebt und eigentlich meinen Grundcharakter ausmacht, ist ein seltsames Eilen! Je interessanter mir ein Buch erscheint, desto schneller will ich es zu Ende lesen, um seinen gesamten Eindruck zu bekommen. Auf meiner Reise erfreut mich nicht eigentlich das Gegenwärtige, ich eile nach etwas Neuem, will wieder ein anderes erreichen. Jeden Abend, wenn ich mich zur Ruhe lege, sehne ich mich nach dem nächsten Tag, wünsche mir, er wäre da, und wenn er da ist, beschäftigt mich doch eine entferntere Zukunft. Selbst der Tod hat für mich etwas Interessantes, etwas Wunderbares, weil sich dann eine neue Welt für mich eröffnet. Was ist es wohl eigentlich, wonach mein unruhiges Ich eilt?«

(Hans Christian Andersen)

»Die meisten Menschen eilen dem Genusse so eifrig nach, daß sie an ihm vorübereilen. Es geht ihnen, wie es jenem Zwerge ergangen ist, welcher eine entführte Prinzessin in seinem Schlosse hütete. Eines Tages gönnte er sich einen Mittagsschlaf. Als er eine Stunde später erwachte, war sie fort. Geschwind legte er seine Siebenmeilenstiefel an; mit einem einzigen Schritt ist er weit an ihr vorüber.«

(Sören Kierkegaard)

Christine Løvmand

Johan Laurentz Jensen

»Wenn der reiche Mann mit Laternen an seinem Wagen in der dunklen Nacht kutschiert: sieht er ein kleines Stück besser als der Arme, der im Dunkeln fährt – aber er sieht auch nicht die Sterne, daran hindern ihn gerade die Laternen.«

(Sören Kierkegaard)

»›Ich möchte wohl in die Welt hinaus!‹ sagte die eine Rose zu der anderen, ›aber hier zu Hause in unserem Grün ist es auch schön! Am Tag scheint die Sonne so warm, auch in der Nacht glänzt der Himmel noch schöner! Das können wir durch die vielen kleinen Löcher sehen, die darin sind!‹ Das waren die Sterne, die sie für Löcher hielten, denn die Rosen wußten es nicht besser.«

(Hans Christian Andersen)

Johan Laurentz Jensen

Johan
Laurentz
Jensen

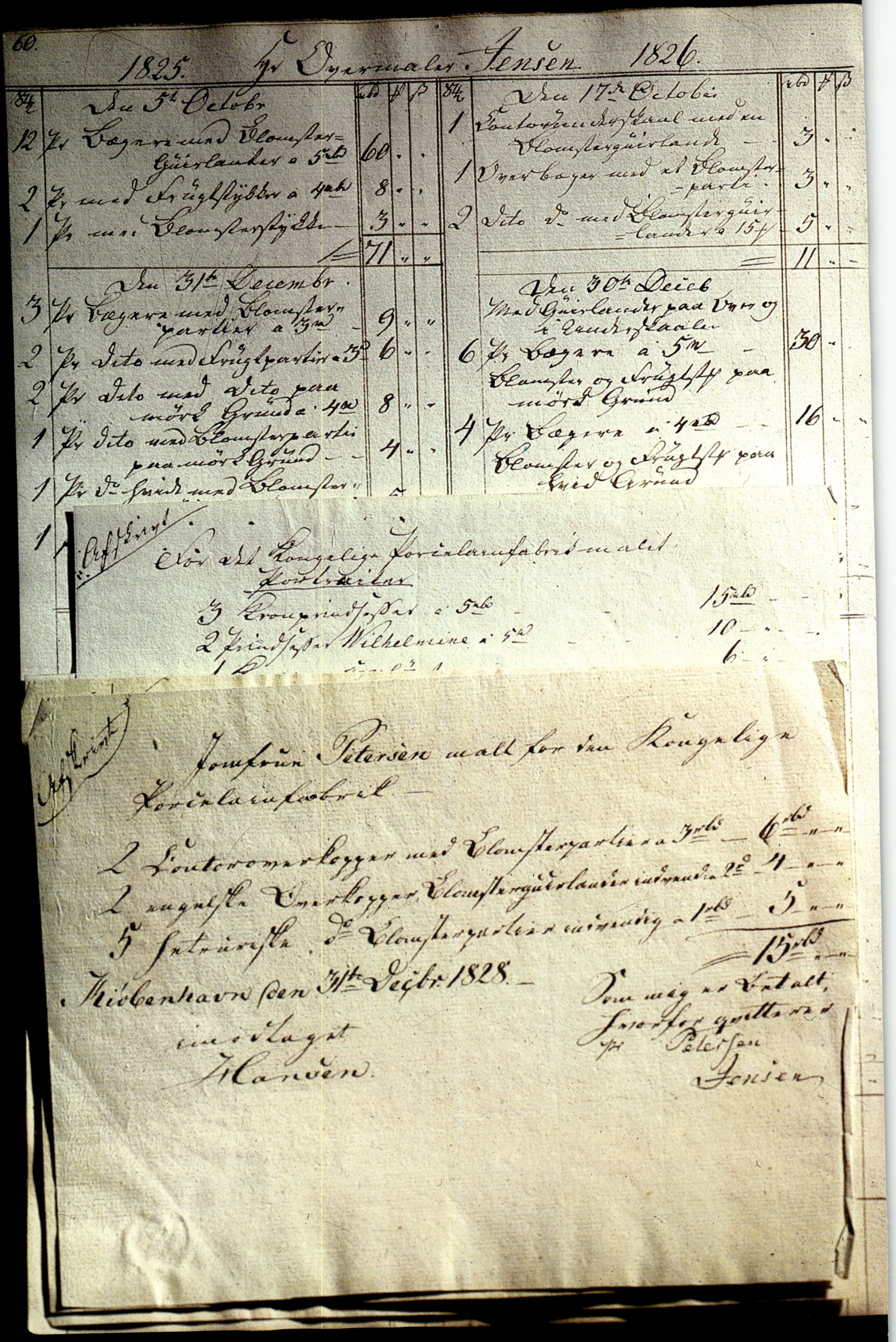
60.

1825. Hr [illegible] Jensen 1826.

St.		Rbd	ß		St.		Rbd	ß
	Den 5te October					Den 17de October		
12	Kr. Kopper med Blomster-Guirlander à 5 Rbd	60			1	Kontoir[illegible]skaal med en Blomsterguirlande	3	
2	Kr. med Frugtstykker à 4 Rbd	8			1	Underkopper med et Blomsterparti	3	
1	Kr. med Blomsterstykke	3			2	dito do. med Blomsterguirlander à 15 ß	5	
		71					11	
	Den 31te December					Den 30te Decb.		
3	Kr. Kopper med Blomsterpartier à 3 Rbd	9				Med Guirlander paa [illegible] og i [illegible]		
2	Kr. dito med Frugtpartier à 3 Rbd	6			6	Kr. Kopper à 5 Rbd Blomster og Frugtstk. paa mörk Grund	30	
2	Kr. dito med dito paa mörk Grund à 4 Rbd	8			4	Kr. Kopper à 4 Rbd Blomster og Frugtstk. paa hvid Grund	16	
1	Kr. dito med Blomsterpartie paa mörk Grund	4						
1	Kr. do. hvid med Blomster [illegible]							
1								

[illegible]

For det Kongelige Porcellainsfabrik malet
Portraiter

3 Kronprindsesser à 5 Rbd — 15 Rbd
2 Prindsesser Wilhelmine à 5 Rbd — 10
1 [illegible] — 6

[illegible]

Jomfrue Petersen malt for den Kongelige Porcellainsfabrik —

2 [illegible]kopper med Blomsterpartier à 3 Rbd — 6 Rbd
2 [illegible] Underkopper Blomsterguirlander indvendig à 2 Rbd — 4
5 [illegible] do. Blomsterpartier indvendig à 1 Rbd — 5
15 Rbd

Kiöbenhavn den 31te Decbr. 1828. —

[illegible]
Hansen.

Som mig er betalt,
hvorfor qvitterer
for Petersen
Jensen

Die Kunst der Blumenmalerei in der Zeit Hans Christian Andersens war in Dänemark eindeutig von Johan Laurentz Jensen geprägt. Das drückt sich nicht nur in der großen Zahl der von ihm geschaffenen Stilleben aus, sondern auch in der unüberschaubaren Fülle der Blumenbilder aus der sogenannten ›Jensen-Schule‹.
Jensen wurde 1800 in Gentofte geboren, das heute zu Kopenhagen gehört. Nach einer sehr früh begonnenen Ausbildung an der Akademie unter Christoffer Vilhelm Eckersberg und dem Blumenmaler Claudius Ditlev Fritzsch, ging er 1822 als Porzellanmaler nach Paris. Dort wirkte er zwei Jahre, dann kehrte er nach Kopenhagen als Obermaler an die Königliche Porzellanmanufaktur zurück. Aus jener Zeit stammt die Seite aus seinem Arbeitsbuch.
Allmählich löste er sich von seinem Beruf und wandte sich immer bewußter der Kunstmalerei zu. Auf den alljährlichen Ausstellungen im Schloß Charlottenborg zeigte er bis zu seinem Tode im Jahr 1856 an die zweihundertfünfzig Stilleben, zumeist Blumendarstellungen.
Mit Hans Christian Andersen verband ihn eine enge Freundschaft,

I. L. JENSEN.

die sich wohl während ihres gemeinsamen Aufenthaltes in Rom im Winter 1833/34 noch vertiefte. Blumen in allen Darbietungsformen waren zu Jensens Zeiten äußerst beliebt. Ganz besonders schätzten die Kopenhagener schlichte Sträuße aus Frühlingsblumen und einfachen Feldblumen, aber auch Darstellungen von Rosen, die zumeist eingebunden in phantasiereiche Buketts gemalt wurden, fanden ein bewunderndes Publikum. Jensen orientierte sich an dem Stil Jan van Huysums (1682–1749), von dem das ›Statens Museum for Kunst‹ in Kopenhagen 1843 ein Bild erwarb. Dieses Bild des Niederländers kopierte Jensen – wie es hier zu sehen ist.

Jensens Arrangements haftet etwas Frisches, Naturnahes an. Der Reichtum der Stilleben entfaltet sich bei ihm im Detail und in dem stark entwickelten Gefühl für natürliche Farben. Darüber hinaus zeigen seine Blumenbilder die Brillanz und die transparenten Lichtfarben der Porzellanmalerei.
Jensen wurden alle Ehren zuteil, die das königliche Dänemark für seine verdienstvollen Künstler bereithielt: eine Professur an der Akademie, Auszeichnungen und eine Ehrenwohnung auf Charlottenborg.
An Jensen und dessen Blumenbilder mag Andersen gedacht haben, wenn er in einem seiner Märchen ausrufen läßt: »Kunst ist das Gegenteil von Natur, aber Kunst ist deshalb nicht Unnatur, sondern das ideale Bild der Natur.«

»Es gibt eigentlich nur eine einzige Quelle, das ist die Individualität. Um sie dreht sich alles, und daher kommt es auch, daß jeder von sich selbst qualitativ versteht, was er von andern quantitativ versteht. Das macht die Individualität; aber nicht jeder Mensch will sie haben.«

(Sören Kierkegaard)

Johan Laurentz Jensen

»Das Große ist nicht, dies oder das zu sein,
sondern man selbst zu sein;
und das vermag ein jeder Mensch, so er will.«

(Sören Kierkegaard)

»›Hier ist es herrlich im Frühling!‹ sagte das kleine Mädchen; und sie standen im frisch ausgeschlagenen Buchenwalde, wo der Waldmeister zu ihren Füßen duftete; und die blaßroten Anemonen sahen in dem Grün so lieblich aus. ›Oh, wäre es immer Frühjahr im duftenden dänischen Buchenwald!‹

›Hier ist es herrlich im Sommer!‹ sagte das kleine Mädchen; und sie fuhren an alten Schlössern aus der Ritterzeit vorbei, wo sich die hohen Mauern und gezackten Giebel in den Kanälen spiegelten, wo die Schwäne schwammen und in die alten, kühlen Alleen hineinsahen. Auf dem Felde wogte das Korn, als wäre es ein See; in den Gräben standen rote und gelbe Blumen und auf den Gehegen wilder Hopfen und blühende Winden; und abends stieg der Mond rund und groß empor; die Heuhaufen auf den Wiesen dufteten so süß. ›Das vergißt sich nie!‹

Christine Løvmand

›Hier ist es herrlich im Herbst!‹
sagte das kleine Mädchen; und der Himmel wurde doppelt so hoch und blau; der Wald bekam die schönsten Farben, Rot, Gelb und Grün. Die Jagdhunde hetzten davon; ganze Scharen Flugwild flogen schreiend über die Hünengräber hin, auf denen sich Brombeerranken um die alten Steine schlagen. Das Meer war schwarzblau, mit weißen Segeln, und in der Tenne saßen alte Frauen, Mädchen und Kinder und pflückten Hopfen in ein großes Faß, die Jungen sangen Lieder, aber die Alten erzählten Märchen von Kobolden und Zauberern. Besser konnte es nirgends sein.

›Hier ist es herrlich im Winter!‹
sagte das kleine Mädchen, und alle Bäume waren mit Reif bedeckt, so daß sie wie weiße Korallen aussahen; der Schnee knirschte unter den Füßen, als hätte man neue Stiefel an, und vom Himmel fiel eine Sternschnuppe nach der andern. Im Zimmer wurde der Weihnachtsbaum angezündet, da gab es Geschenke und Fröhlichkeit; auf dem Lande in der Bauernstube erklang die Fiedel, es wurde nach Äpfelschnitzeln geschnappt; selbst das ärmste Kind sagte: ›Es ist doch herrlich im Winter!‹
Ja, es war herrlich!«

(Hans Christian Andersen)

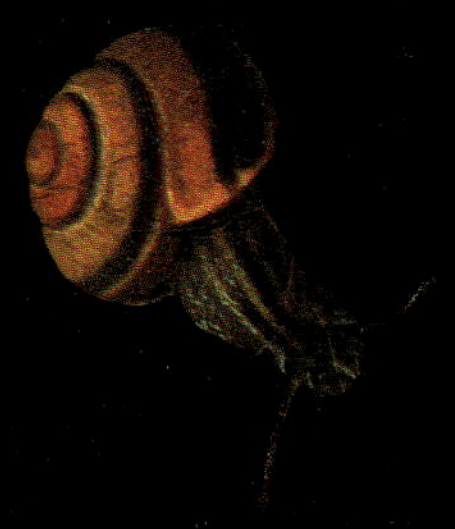

»›Was schenkten Sie der Welt?‹ fragte die Schnecke den Rosenstock. ›Was werden Sie ihr geben?‹ ›Ich blühte vor Freude!‹ antwortete der Rosenstock. ›Ich atmete, ich lebte! Das war mein Leben, ich konnte nicht anders!‹«

(Hans Christian Andersen)

Die hier abgedruckten Kierkegaard-Zitate wurden mit freundlicher Genehmigung des Eugen Diederichs Verlags entnommen aus: Sören Kierkegaard, *Entweder/Oder.* Erster Teil. Gesammelte Werke, 1. Abteilung. Übersetzt von Emanuel Hirsch. S. 23, S. 24, S. 25, S. 30, S. 33, S. 46, S. 328, S. 349, S. 359, S. 360, S. 392. © 1956 by Eugen Diederichs Verlag, Köln; sowie aus: Sören Kierkegaard, *Die Tagebücher. Eine Auswahl.* Herausgegeben und übersetzt von Hayo Gerdes. S. 23, S. 24, S. 67, S. 154, S. 155, S. 172, S. 221. © 1980 by Eugen Diederichs Verlag, Köln.

Hanne Hellesen: ›Strohhut mit Blumen‹ mit freundlicher Genehmigung der Bury Street Gallery, London.
Theude Grønland: ›Pfirsich und Kirschen auf Kohlblatt‹ mit freundlicher Genehmigung der Galerie Dr. Bühler, München.
Johan Laurentz Jensen: ›Blumenkorb auf einem Stein‹ mit freundlicher Genehmigung von Royal Copenhagen.

CIP-Kurztitelaufnahme der Deutschen Bibliothek

Blumenpoesie: aus d. Zeit Hans Christian Andersens u. Sören Kierkegaards; Leben allein genügt nicht – Sonnenschein, Freiheit ... u. e. kleine Blume muß man haben / Annie von der Heide; Bernard Nollen. – Köln: DuMont, 1986.
ISBN 3-7701-1873-1
NE: Heide, Anni von der

Reproduktion: ORZ, Offset-Repro-Zentrum, Düsseldorf
Satz und Druck: Rasch, Bramsche
Buchbinderische Verarbeitung: Boss-Druck, Kleve

Printed in Germany ISBN 3-7701-1873-1